大家好！

气象防灾减灾宝典

本书编写组　编

U0352147

气象出版社
China Meteorological Press

图书在版编目（CIP）数据

气象防灾减灾宝典 / 袁琳主编 . —北京：气象出版社，2014.5（2018.2 重印）

ISBN 978-7-5029-5927-2

Ⅰ . ①气… Ⅱ . ①袁… Ⅲ . ①气象灾害—灾害防治 Ⅳ . ① P429

中国版本图书馆 CIP 数据核字（2014）第 080332 号

出版发行：气象出版社

地　　址：北京市海淀区中关村南大街 46 号

邮政编码：100081

网　　址：http://www.qxcbs.com

E-mail：qxcbs@cma.gov.cn

电　　话：总编室：010-68407112；发行部：010-68409198

责任编辑：张锐锐

终　　审：吴晓鹏

责任技编：吴庭芳

印　　刷：北京地大天成印务有限公司

开　　本：787mm×1092mm　　　1/32

印　　张：3

字　　数：90 千字

版　　次：2014 年 5 月第 1 版

印　　次：2018 年 2 月第 6 次印刷

定　　价：20.00 元

本书编写组

主　　　编：袁　琳

编写组成员：杨通礼　郑　奕　石开银

　　　　　　夏晓玲　戚泽伟

特 邀 顾 问：李登文　蓝　伟　杨利群

　　　　　　吴战平　甘文强

编前语

近年，一些地区极端气象灾害增多，危害人民群众生命财产安全，"防患于未然"成为共识。

不过，天气预报毕竟会有误差，有时候，气象灾害预报不准，导致社会应对做了无用功，费时又费力。有人抱怨：白防了。于是，思想上松懈，行动也变得消极了。

真的"白防"了吗？并不是，即便空防，也不会白防。每一次防范，都是一次演习。通过这些应对措施，增强反应能力、发现防范漏洞、提高风险意识，这也是应对灾害的经验积累。

更重要的是，面对灾害预警，政府部门、社会公众都不可存侥幸心理。灾害的预先防范，不是"狼来了"的故事，绝对不可懈怠。因为各种原因忽视、轻视防范，怕麻烦图轻松，只会自吞苦果，造成的损失无可挽回，悔之晚矣。

实际上，不仅是气象灾害，环境事故、安全生产等，莫不如此。一些看起来的"无用功"，实际上既是安全的预警，也是安全的盾壁。只有把这些"无用功"做足做好做到位，才能保证遇事不乱、临事不慌，给公众"稳稳当当的幸福"。

这就是"灾害猛于虎，空防不白防"。

赵广忠

2014 年 6 月

目 录

气象科普知识

气象科普知识

什么是气象灾害?

气象灾害是指大气运动和演变对人类生命财产、国民经济及国防建设等造成的直接或间接损害。如台风、干旱、暴雨、暴雪、冰雹、霜冻、寒潮、雷电、高温等。

常见的气象灾害有哪些?

中国是世界上自然灾害影响最严重的国家之一,且灾害种类多、强度大、频率高、损失重、时间空间分布不均。主要有暴雨、干旱、冰雹、台风、雷电等气象灾害。

怎样读懂天气用语？

1. 晴天，是指天空无云或有零星的云，但云量占不到天空的 1/10。

2. 阴天，是指天空中云层覆盖超过 8 成以上，全天很少见到蓝天。

3. 多云，是指天空中云层较多，阳光不很充足，但仍能从云的缝隙中见到蓝天，总云量占天空面积的 4/10 ~ 7/10 的天气现象。

4. 雨，是指从天空降落的水滴。

5. 阵雨，是指在降水开始和终止都很突然，降水强度变化很大的雨。

6. 雷阵雨，又称雷雨，是指伴有雷电的降雨现象。

常见天气预报符号

晴天　　晴到多云　　阴天

阵雨　小雨　中雨　大雨　暴雨　雷阵雨

雨夹雪　小雪　中雪　大雪

什么是人工影响天气？

　　人工影响天气又称人工影响局部天气，是指为避免或者减轻气象灾害，合理利用气候资源，在适当条件下，通过科技手段对局部大气的物理过程进行人为影响，实现增雨（雪）、防雹、消雨、消雾、防霜等目的的活动。

降雨量的划分标准

若 24 小时内的降水量达到 0.1 ~ 9.9 毫米，称为小雨；10.0 ~ 24.9 毫米，称为中雨，25.0 ~ 49.9 毫米，称为大雨；50.0 ~ 99.9 毫米，称为暴雨；100.0 ~ 249.9 毫米，称为大暴雨；≥ 250.0 毫米，称为特大暴雨。我国的暴雨有明显的季节性，各地暴雨过程出现的时间基本上与气候雨带的南北推移相吻合，即华南多发生在 4-6 月及 8-9 月，江淮多发生在 6-7 月，北方多发生在 7-8 月。

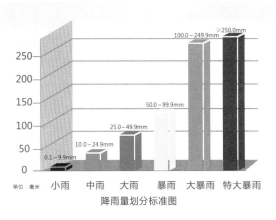

降雨量划分标准图

什么叫降水量?

从天空降落到地面上的雨水(或雪、冰雹融化后的水),没有经过蒸发、渗透和流失而在水平面上积聚的深度,就称为降水量。人们习惯将"降水量"称为"降雨量",其实"降水量"是雨水、雪水、冰雹水的统称,而"降雨量"仅指降雨的量。降水量可以直观地表示降水的多少。

降水量1毫米有多少水?

在气象上,一般把单位时间内的降水量称为降水强度。所谓降水量1毫米是指在单位面积上水深1毫米。每亩 * 地面积约是666.7平方米,因此,1毫米降水量就等于每亩地里增加0.6667立方米的水。每立方米的水是1000千克,这样,1毫米降水量也就等于向每亩地浇了666.7千克水。

---

* 1亩 =1/15公顷,下同。

第1章
主要气象灾害及防御措施

暴雨洪涝

暴雨，泛指降水强度很大的雨。

气象学上规定暴雨为：

（1）1小时内的降雨量为16毫米或以上的雨；

（2）24小时内的降雨量为50毫米或以上的雨。

暴雨出现时雨势倾盆，城市内造成洼地积水，径流陡增，河水猛涨，是一种严重的灾害性天气。

暴雨洪涝灾害实例

　　2011 年 6 月 5 日夜晚至 6 日凌晨，贵州南部的望谟、贞丰、兴仁、罗甸等县出现了短时强降水天气，部分乡镇出现大暴雨或特大暴雨。短时降水强度大、累计雨量多，加之特殊的地形地貌等原因，导致望谟县发生特大山洪灾害。

　　此次特大山洪灾害给望谟县造成了严重损失。据民政部门统计，截至 6 月 9 日 7 时，望谟县受灾人口 13.94 万，紧急转移安置 4.54 万人，因灾死亡 21 人、失踪 31 人；农作物受灾面积 1.18 万公顷，倒塌房屋 2403 间；部分道路、桥梁等损毁。

暴雨来临前的准备措施

1. 关注气象部门发布的预报预警信息。

2. 暴雨来临前，低洼地区房屋门口应放置挡水板或堆砌土坎。

下雨了，快看看排水渠有没有堵！

3. 检查农田、鱼塘排水系统，做好排涝准备。

暴雨、洪涝来临时不能停留的危险地区

1. 危房里及危房周围、危墙及高墙旁。

请绕开这里走

2. 洪水淹没的下水道、电线杆及高压线塔周围。

3. 鱼塘、水库、河流、干涸的河床等周围。

暴雨时驾车出行应注意事项

远离路灯、高压线，绕开涵洞、桥下、天坑，以防意外发生。

1. 远离路灯、高压线、围墙等危险处，绕开涵洞、下拉槽、桥下等地势低洼处。

2. 保持视线清晰，减速缓行，打开汽车前照灯、防雾灯和轮廓灯，提醒其他车辆注意。

3. 涉水行驶要稳住油门，不换挡。若汽车进水熄火，立即关闭点火开关，不要再次启动，将车辆移至前高后低的地方。车内配备逃生锤，乘客被困在浸水的车内时，可用铁锤、拖车钩等坚硬、有份量、易甩击的工具，将车窗玻璃四角砸破逃生。

洪涝发生时的自救逃生方法

1. 向高处转移，切忌攀爬带电的电线杆。

2. 被困时，利用通信设施联系救援，使用哨子、色彩鲜艳的衣服、镜子等发出求救信号。

3. 除非洪水冲垮建筑物或水面没过屋顶，否则不要盲目冒险涉水逃离。

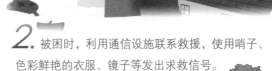

4. 如果被卷入洪水中，一定要尽可能抓住固定的或漂浮的东西，然后寻找机会逃生。

1.2 干旱灾害

干旱

干旱是因长期少雨导致空气干燥、土壤缺水的气候现象。自古以来干旱就是农业生产的"天敌"。我国幅员辽阔，各地农业和气候差异很大，不同季节干旱对农业的危害也各不相同，干旱的空间分布也不一样。

2011年12月，云南省持续干旱，截至2012年2月22日统计，造成昭通、曲靖、昆明、楚雄等13州市91个县（市、区）631.83万人受灾，242.76万人、155.45万头大牲畜出现不同程度饮水困难，因干旱造成农作物受灾65.108万公顷，成灾37.617万公顷、绝收6.248万公顷，全省经济损失23.42亿元，其中农业损失22.19亿元。

喂，要节约用水！

1. 采取节水措施，提倡节约用水。

2. 启用应急备用水源。

3. 采取车载送水、打深井等多种手段，确保城乡居民生活和牲畜用水。

4. 压减城乡供水指标，优先经济作物灌溉用水，限制大量农业灌溉用水。

5. 限制非生产性高耗水及服务行业用水，限制排放工业污水。

6. 加大农田水利设施建设，提高农业综合生产能力。

7. 气象部门适时进行人工增雨作业。

冰雹

冰雹简称雹，是固体降水的一种，通常在发展强烈的对流云中形成，有极大的破坏性。我国除广东、湖南、湖北、福建、江西等省冰雹较少外，各地每年都会受到不同程度的雹灾。尤其是北方的山区及丘陵地区，地形复杂，天气多变，冰雹多，受害重，对农业生产危害很大。

　　2014年9月10日凌晨5点至11日上午11点，新疆维吾尔自治区阿克苏部分县市相续遭受严重冰雹袭击，持续时间约10～20分钟，造成温宿县、阿克苏市红旗坡农场、新和县共18个乡（镇）、场不同程度受灾，截至9月14日12时统计，灾害造成2.88万人受灾，倒塌房屋4间，严重损坏3间；受灾农作物达10472公顷，其中农作物绝收面积为6127.5公顷；直接经济损失约29613.46万元。

冰雹的特征

1. 局地性强。每次冰雹的影响范围一般长约数百米到十多千米，俗话说雹打一条线。

2. 时间短。一次降雹时间一般只有 2 ~ 10 分钟，少数在 30 分钟以上。

3. 受地形影响显著。山区地形越复杂，越容易发生冰雹。

如何应对冰雹灾害

1. 关好门窗，做好防雹和防雷电准备。

2. 居民切勿随意外出。

3. 户外行人立即到安全的地方暂时躲避。

4. 对烤烟、油菜等作物采取一定防护措施。

5. 妥善保护易受冰雹袭击的汽车等室外物品。

6. 气象部门开展人工消雹作业。

7. 将家禽、牲畜等赶到带有顶棚的安全场所。

雷电俗称打雷，是雷暴云释放电能击穿空气的放电现象，常伴有强烈的闪光和隆隆的雷声。我国雷暴活动多发地集中在华南、西南南部以及青藏高原中东部地区。

广东东莞为雷电灾害重灾区，夏季5-8月，雷电所带来的经济损失占东莞当季 GDP 的6%，每年都会发生多起雷电伤人事件，是中国乃至全世界的雷电灾害重灾区之一。

1. 关闭门窗，室内人员应远离门窗、水管、煤气管等金属物体。

2. 关闭电视等家用电器，拔掉电源线插头、有线电视线，防止雷电从电源线、有线电视线入侵。

3. 安全避雷，请迅速躲进屋内、汽车内等处。

4. 立即停止室外游泳、划船、钓鱼等水上活动。

6. 远离孤立的大树、高塔、电线杆、广告牌等。

5. 在户外尽量不要使用手机，不要使用带有金属尖端的雨伞。

7. 打雷时不宜洗澡，特别是太阳能热水器用户。

1.5 凝冻灾害

凝冻

气象上将强冷空气的入侵造成局部地区或大范围地区气温剧烈下降的天气过程，称为寒潮，此时常常伴随出现降雪、霜冻、冻雨等天气，从而造成严重的影响。在受寒潮入侵影响出现低温阴雨天气时，常常在电线、树枝、地面上形成坚固的冰层（俗称"凝冻"或"桐油凝"），由于降雪常与雨凇同时发生，所以通常称为"雪凝"天气。

凝冻灾害实例

2008年1月，中国南方出现了罕见的持续低温雨雪冰冻灾害，主要由四次天气过程构成，分别为1月10-16日，18-22日，25-29日，1月31日-2月2日。低温雨雪冰冻天气主要影响了黄河以南大部分地区，湖南、湖北、江西、安徽、贵州、重庆等省（市）尤为严重，多项观测数据突破同期历史纪录。

如何应对凝冻灾害

1. 室外温度低，注意防寒保暖。

2. 老、弱、病、幼者留在家中，减少外出。

3. 行人出门当心路滑，以防跌倒。

4. 外出时谨防冰挂伤人，尽量少骑自行车，注意防滑。

5. 机动车采取防滑措施，慢速行驶。特别注意桥梁、涵洞、临水路段等易结冰积雪路段。

6. 交通、公安等部门要按照职责做好道路结冰应对准备工作，采取人工机械清除、撒融雪剂、撒沙等措施尽快融冰除雪。

1.6 秋绵雨灾害

秋绵雨是指 9—11 月份连续 5 天或 5 天以上逐日降雨量大于或等于 0.1 毫米的持续阴雨天气。贵州省的西部为秋绵雨影响最重地区，自西向东影响逐渐降低。

秋绵雨对农业的危害较大，轻者使水稻、玉米成熟期延长，重者则使秋收作物倒伏、谷粒生芽；或使秋耕秋种难以进行，影响播种。秋绵雨影响田间生产活动的进行，导致不能及时收获或已收获的也不能脱粒晾干入库而发生霉烂变质。

秋绵雨灾害实例

　　贵州省六盘水市从 2012 年 9 月初到 10 月中旬，全市以阴雨天气为主，雨日多，导致水城县、六枝特区和盘县分别出现 30 天、25 天、24 天的特重级秋绵雨天气过程。全市气温较常年同期偏低 2.0 ～ 2.8℃；日照时数异常偏少，水城、六枝和盘县分别仅有 9.2 小时、6.7 小时和 5.6 小时，较常年同期偏少 90.9% ～ 93.4%。

　　连续的秋绵雨灾害天气过程，对秋收工作造成很大影响。导致水稻、玉米不能及时收获，在田间发芽、霉烂，稻谷和玉米的产量及品质大幅下降。

如何应对秋绵雨灾害

1. 关注天气预报，抓住降雨过后的间晴天气，及时抢收作物。

2. 加强田间管理，促进早发芽，多发芽。

3. 开沟排水，防止湿害。

1.7 大雾灾害

大雾

　　大雾是指大量微小水滴浮游在空中，水平能见度小于1千米的天气现象。

　　大雾是比较常见的灾害性天气之一，对于交通、电力等行业来说是危险天气，具有出现几率高、发生范围广、危害程度大的特点。大雾天气空气浑浊，颗粒物污染较为严重，空气质量较差，会对人的呼吸系统造成危害，因此尽量避免在此期间进行户外活动。大雾易发生的季节是秋季及冬季。

大雾灾害实例

2007 年 12 月 22 日，成都市区、双流、崇州、大邑、郫县、金堂、新津能见度都降到了 50 米以下，特别是双流机场，能见度只有 15 米。由于大雾浓度不断加大，早上 6 点半，成都市气象台再次发布大雾红色预警信号。此次成都大雾由一般性影响上升为灾害性影响，大雾成灾！

1. 有呼吸道疾病或心肺疾病的人，尽量留在室内。

2. 雾中含有多种有害物质，不要在雾天锻炼身体。

3. 当遇到移动较快、突然出现的团雾时，驾驶人员应打开所有车灯，控制车速，保持车距，通过路面标线及前车尾灯引导视线，切记不能就地停车，在距离和车速满足变道条件，确保安全的前提下，减速驶入最右侧车道，然后就近选择道路出口缓慢驶出或进入附近服务区暂避，等待团雾消散。

4. 行驶的船舶要打开雷达，加强瞭望，注意航行安全。

5. 当发生能见度低于 50 米的大雾时，机场、高速公路、轮渡码头要暂时封闭或停航。

1.8 大风灾害

瞬时风速达到或超过 17.2 米 / 秒（或风力达到或超过 8 级）的风。大风具有毁坏地面设施、建筑物、农作物等危害，且极易引发火灾。春季是大风的高发季节。

大风灾害实例

　　2013年8月11日晚8时40分左右,重庆市梁平县明达、龙门、新盛、回龙等乡镇遭受短时强风,瞬间最大风速达到27米/秒,风力达10级。当晚11时,大风灾害导致部分房屋倒塌,农作物大面积倒伏,树木、线杆等纷纷被刮断,所幸大风没有造成人员伤亡。据统计,这次大风致使梁平2981公顷农作物受灾,400余处电力设施受损,新盛、龙门、文化、明达等乡镇部分居民供电一度中断。灾害造成直接经济损失1752万元。

如何应对大风灾害

1. 加固围板、棚架等临时搭建物，妥善安置易被大风影响的室外物品。

2. 外出尽量不骑车，远离施工工地、高大建筑物、广告牌和水边。

3. 居民尽量不要外出，老人小孩留在家中。

4. 机动车和非机动车驾驶员应减速慢行。

5. 高空、水上等户外作业人员停止作业。

1.9 高温灾害

在气象上一般以日最高气温达到或超过 35℃作为"高温"的标准，热浪通常指持续多天的 35℃以上的高温天气。

高温使人感到不适，超过人体耐受极限，导致多种疾病的发生；同时高温加剧土壤失墒，加速旱情发展，给农业生产造成较大影响；持续的高温少雨还易引发火灾，对生态环境造成破坏。我国除东北、青藏高原极少或不出现高温天气外，其他地区均会出现不同程度的高温天气。

2013年7月30日12时54分，上海徐家汇，记者往平底锅中放置了一片生培根，并将平底锅放置在马路上，生培根片煎至八分熟一共用时约80分钟，整个过程中地面温度一直高于60℃。当日，据上海市中心气象台消息，上海最高气温达39℃。

如何应对高温灾害

1. 高温时减少户外活动，外出时采取防护措施；在室内开启空调时关闭家中门窗，空调温度不宜过低，以防受寒或引发空调病。

2. 户外作业人员应注意采取避暑、遮阴措施，合理安排时间，尽量避开高温时段工作，并备好防暑饮品和药品。

3. 如发生中暑，应立即将病人抬至阴凉通风处或及时送医院进行救治。

4. 饮食宜清淡，多喝凉茶、淡盐水、绿豆汤等防暑饮品。

5. 注意休息，保证睡眠，年老体弱者应减少活动，家中常备防暑降温药品。

6. 大汗淋漓时忌用冷水冲澡，应稍事休息后再用温水洗浴。

1.10 低温冷害

低温冷害指温度在 0℃以上，有时甚至在 20℃左右时，引起农作物生育期延迟或使生殖器官的生理机能受到损害，造成农业减产的一种气象灾害。

常见的低温冷害主要有倒春寒、秋风、霜冻等。

低温冷害——倒春寒

倒春寒指前春小麦已拔节抽穗、油菜已开花或已进入水稻育秧期的情况下，当气温降到作物生育期的下限温度时所产生的一种低温冷害。在农业生产上，倒春寒其实仍属春季低温阴雨范畴，因为在出现时间上偏晚，危害性更大。

倒春寒灾害实例

2002年4月24日，一场十分严重的"倒春寒"使山东的果农损失惨重，直接损失近50亿元。

低温冷害——秋风

秋风冷害是指在夏末秋初由于北方冷空气南下出现对水稻抽穗扬花有不利影响的低温天气。通常把 8 月上旬至 9 月上旬连续 2 天以上出现日平均气温低于 20℃作为秋风指标。

秋风灾害实例

2002 年 8 月 9 日至 21 日，贵州省曾出现罕见秋风天气，其中中部及西部共有 35 个县（市、区）特重，造成杂交水稻大面积减产，农作物受灾面积 64.5 万公顷，粮食减产 134 万吨，直接经济损失 28.2 亿元。

低温冷害——霜冻

霜冻（俗称打霜）是指土壤表面和植物表面的温度下降到足以引起植物遭受伤害或者死亡的短时间低温冷害，可伴有霜的出现，即所谓"白霜"，也可无霜出现，但有低温天气使作物受到冻害，通常称为"黑霜"，在古代文献中也称为"陨霜"。新疆北部、内蒙古及东北北部地区9月中旬出现初霜冻；东北大部，华北北部、西部及西北地区9月下旬到10月上旬出现初霜冻；11月上旬初霜线南移至秦淮一带，11月下旬初霜线到达西南及长江中下游地区，12月上旬初霜线到达南岭；华南中北部初霜冻在12月下旬到1月中旬出现。

霜冻灾害实例

　　2006年9月中国东北、华北及西北部分地区出现不同程度霜冻，本应在中下旬才出现的初霜冻在上旬就提前出现，致使玉米等秋粮作物灌浆停止甚至死亡。仅内蒙古自治区兴安盟就有260万亩农作物受灾。

如何应对低温冷害

1. 根据当地气候资源、立体气候等特点，合理布局作物品种。

2. 培育引进耐寒、早（或迟）熟品种。

3. 采取农业防／抗低温栽培措施，如早（或迟）播种、早（或迟）育苗、覆膜栽培等。

4. 关注天气预报，根据作物特点，在降温前及时采取喷施叶面肥、灌溉、覆盖、喷雾等预防措施。

第2章
主要气象次生灾害及防御措施

2.1 泥石流灾害

　　泥石流一般发生在半干旱山区或高原冰川区。这里的地形十分陡峭,泥沙、石块等堆积物较多,树木很少。一旦暴雨来临或冰川解冻,大大小小的石块有了足够的水分,便会顺着斜坡滑动起来,形成泥石流。我国泥石流的暴发主要是受连续降雨、暴雨,尤其是特大暴雨、集中降雨的激发,一般发生在多雨的夏秋季节。

泥石流灾害实例

2010 年 8 月 7 日，甘肃省甘南藏族自治州舟曲县县城东北部山区突降特大暴雨，引发三眼峪、罗家峪等四条沟系特大山洪地质灾害，泥石流总体积 750 万立方米，流经区域均被夷为平地。这场特大地质灾害共造成 1481 人遇难、284 人失踪，另有 2300 多人受伤。

泥石流来临时怎样逃生

立即往山上或者河岸高处跑

1. 立刻向河床两岸高处跑。

2. 向与泥石流成垂直方向的两边山坡高处逃生。

3. 来不及奔跑时要就地抱住河岸上的树木。

1. 沿山谷徒步时，一旦遭遇大雨，要迅速转移到安全的高地，不要在谷底过多停留。

2. 注意观察周围环境，特别留意是否听到远处山谷传来打雷般声响，如听到要高度警惕，这很可能是泥石流将至的征兆。

3. 要选择平整的高地作为营地，尽可能避开有滚石和大量堆积物的山坡下面，不要在山谷和河沟底部扎营。

4. 在泥石流容易发生的凹形坡、阴面斜坡和山脚等区域，禁止盖房，放弃农耕，多植树造林，以避免水土流失。在支沟下游垫地，要构筑坚固、安全的坝阶，以拦截泥石流下冲，并留出足够的行洪通道。

2.2 滑坡灾害

滑坡

滑坡是指斜坡上的土块、岩石顺坡向下滑动，俗称"地滑"、"土溜"。

　　2013 年 7 月 8 日晚到 10 日，四川省都江堰市连续强降雨 40 多小时，降雨量达到 941 毫米。在持续特大暴雨条件下，中兴镇三溪村发生特大山体滑坡灾害，滑坡规模约 150 万立方米。在都江堰全市范围内登记失踪和失去联系人员达 107 人，造成该县 8 万余人受灾。

滑坡有什么危害

堡坎垮塌
轿车被砸

1. 造成人员伤亡。

2. 破坏建筑物和道路。

3. 破坏工程设施。

滑坡的前兆有哪些

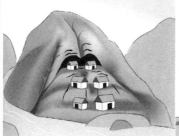

1. 在山坡前部出现规律排列的裂缝。

2. 在山坡坡脚处土体出现上隆（凸起）现象。

3. 建在山坡上的房屋地板、墙壁出现裂缝，墙体歪斜。

4. 在山坡上，干涸的泉水突然复活，或泉水突然干涸、浑浊。

5. 动物惊恐异常，植物变形。

滑坡时的自救措施

1. 滑坡发生时，应保持冷静，不能慌乱。

2. 千万别顺着滑坡体滑动的山坡跑，应向滑坡的两侧跑。

3. 人处于滑坡体上时，可以原地不动或抱住一棵大树不松手。

58

滑坡发生时的应急措施

1. 当发现可疑滑坡征兆时，应立即向有关部门报告。

喂，我家的房屋及院墙突然开裂！

喂，我们这里的斜坡出现裂缝！

2. 当发生滑坡时，要迅速撤离危险区及可能的影响区。

3. 滑坡发生后，在有关部门解除警报前，不得进入滑坡发生危险区。

2.3 塌方灾害

塌方是建筑物、山体、路面、矿井在自然力非人为的情况下，出现塌陷下坠的自然现象。

塌方发生时间具有明显的季节性，大多出现在 4—10 月，特别是 5—9 月暴雨季节，发生时间与其他气象灾害基本同步，造成多灾并发。

　　2014 年 9 月 1 日，湖北利川普降暴雨，造成全市多条公路中断交通，累计出现大小垮塌方近 1000 处，损毁涵洞 20 多道，钢护栏、挡墙、驳岸也不同程度被大水冲坏。据初步估计，此次暴雨灾害，给全市公路带来的综合损失有 200 多万元。

塌方发生前可能会出现以下征兆

1. 塌方处的裂缝逐渐扩大，危岩体的前缘有掉块、坠落现象，小崩小塌不断发生。

2. 不时听见岩石的撕裂摩擦错碎声。

3. 坡顶出现新的破裂形迹，嗅到异常气味。

4. 出现热气、冷风、地下水质、水量异常等现象。

如何有效的避让塌方

1. 夏汛时节，一定要注意收听当地天气预报，尽量避免在大雨后、连续阴雨天进入山区沟谷。

2. 雨季时切忌在危岩（探头石）附近停留。

3. 不能在凹形陡坡、危岩突出的地方避雨、休息和穿行，不要攀登危岩。

4. 开车途经塌方点时注意观察，如遇陡崖往下掉土块或石块，不要贸然经过，确认安全后迅速驶离。

5. 处于塌方体下方时，要迅速向塌方体两侧逃生，越快越好。

6. 感觉地面振动时，应立即向两侧稳定地区逃离。

2.4 森林火灾

森林火灾

森林火灾是指在森林燃烧中，失去人为控制，对森林产生破坏性作用的一种自然燃烧现象。森林可燃物、气象条件和火源是发生森林火灾的三大要素。

森林火灾的发生与天气（如高温、连续干旱、大风等）有密切关系。中国南方森林火灾多发生在冬、春季，北方多发生在春、秋季。

森林火灾实例

　　2006 年 5 月 22 日 10 时 04 分，黑龙江省大兴安岭地区松岭林业局砍都河林场发生一起雷击火，经过 11 天的奋力扑救，于 6 月 2 日 5 时将火扑灭。火场过火总面积 169400 公顷，其中林地过火面积 79984 公顷，荒山草地 89416 公顷。为扑灭这起火灾，陆续向火场投入兵力 14797 人，其中森林部队 2846 人、专业森林消防队 3567 人、后备森林消防队 8384 人。投入飞机 18 架，飞行 419 架次、491 小时，调用消防车、推土机、运兵车等各种车辆 1054 台次。

森林火灾的预防措施

1. 不在林区上坟烧纸。

2. 不在林区焚烧秸秆。

3. 严禁携带火种进入林区，不要在林区内用火。

森林火场自救方法

1. 强行顶风冲越火线避险。

2. 向火线两翼快速跑离火场。

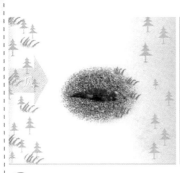

3. 顺风卧倒躲避大火。

4. 跑入火烧迹地或空旷地避险。

点顺风火

利用有利地形多

5. 点火解围避险。避险时要用湿毛巾捂住口鼻，用衣物先包住头、背，严防皮肤外露烫伤。

第3章
气象灾害预警信号及含义

气象灾害预警信号

　　气象灾害预警信号，是指各级气象主管机构所属的气象台站向社会公众发布的预警信息。预警信号由名称、图标、灾害标准和防御指南组成，分为台风、暴雨、暴雪、寒潮、大风、沙尘暴、高温、干旱、雷电、冰雹、霜冻、大雾、霾、道路结冰等。

　　气象灾害预警信号总体上分为蓝色、黄色、橙色和红色四个等级，分别代表一般、较重、严重和特别严重。

　　以下列出气象灾害的预警信号图标、标准及防御指南。

台风预警信号

图标	标准	防御指南
台风 蓝 TYPHOON	24小时内可能或者已经受热带气旋影响，沿海或者陆地平均风力达6级以上，或者阵风8级以上并可能持续。	1.政府及相关部门按照职责做好防台风准备工作； 2.停止露天集体活动和高空等户外危险作业； 3.相关水域水上作业和过往船舶采取积极的应对措施，如回港避风或者绕道航行等； 4.加固门窗、围板、棚架、广告牌等易被风吹动的搭建物，切断危险的室外电源。
台风 黄 TYPHOON	24小时内可能或者已经受热带气旋影响，沿海或者陆地平均风力达8级以上，或者阵风10级以上并可能持续。	1.政府及相关部门按照职责做好防台风应急准备工作； 2.停止室内外大型集会和高空等户外危险作业； 3.相关水域水上作业和过往船舶采取积极的应对措施，加固港口设施，防止船舶走锚、搁浅和碰撞； 4.加固或者拆除易被风吹动的搭建物，人员切勿随意外出，确保老人小孩留在家中最安全的地方，危房人员及时转移。
台风 橙 TYPHOON	12小时内可能或者已经受热带气旋影响，沿海或者陆地平均风力达10级以上，或者阵风12级以上并可能持续。	1.政府及相关部门按照职责做好防台风抢险应急工作； 2.停止室内外大型集会、停课、停业（除特殊行业外）； 3.相关水域水上作业和过往船舶应当回港避风，加固港口设施，防止船舶走锚、搁浅和碰撞； 4.加固或者拆除易被风吹动的搭建物，人员应当尽可能待在防风安全的地方，当台风中心经过时风力会减小或者静止一段时间，切记强风将会突然吹袭，应当继续留在安全处避风，危房人员及时转移； 5.相关地区应当注意防范强降水可能引发的山洪、地质灾害。
台风 红 TYPHOON	6小时内可能或者已经受热带气旋影响，沿海或者陆地平均风力达12级以上，或者阵风达14级以上并可能持续。	1.政府及相关部门按照职责做好防台风应急和抢险工作； 2.停止集会、停课、停业（除特殊行业外）； 3.回港避风的船舶应当视情况采取积极措施，妥善安排人员留守或者转移到安全地带； 4.加固或者拆除易被风吹动的搭建物，人员应当待在防风安全的地方，当台风中心经过时风力会减小或者静止一段时间，切记强风将会突然吹袭，应当继续留在安全处避风，危房人员及时转移； 5.相关地区应当注意防范强降水可能引发的山洪、地质灾害。

暴雨预警信号

图标	标准	防御指南
暴雨 蓝 RAIN STORM	12小时内降雨量将达50毫米以上，或者已达50毫米以上且降雨可能持续。	1. 政府及相关部门按照职责做好防暴雨准备工作； 2. 学校、幼儿园采取适当措施，保证学生和幼儿安全； 3. 驾驶人员应当注意道路积水和交通阻塞，确保安全； 4. 检查城市、农田、鱼塘排水系统，做好排涝准备。
暴雨 黄 RAIN STORM	6小时内降雨量将达50毫米以上，或已达50毫米以上，且降雨可能持续。	1. 政府及相关部门按照职责做好防暴雨工作； 2. 交通管理部门应当根据路况在强降雨路段采取交通管制措施，在积水路段实行交通引导； 3. 切断低洼地带有危险的室外电源，暂停在空旷地方的户外作业，转移危险地带人员和危房居民到安全场所避雨； 4. 检查城市、农田、鱼塘排水系统，采取必要的排涝措施。
暴雨 橙 RAIN STORM	3小时内降雨量将达50毫米以上，或者已达50毫米以上，且降雨可能持续。	1. 政府及相关部门按照职责做好防暴雨应急工作； 2. 切断有危险的室外电源，暂停户外作业； 3. 处于危险地带的单位应当停课、停业，采取专门措施保护已到校学生、幼儿和其他上班人员的安全； 4. 做好城市、农田的排涝，注意防范可能引发的山洪、滑坡、泥石流等灾害。
暴雨 红 RAIN STORM	3小时内降雨量将达100毫米以上，或者已达100毫米以上且降雨可能持续。	1. 政府及相关部门按照职责做好防暴雨应急和抢险工作； 2. 停止集会、停课、停业（除特殊行业外）； 3. 做好山洪、滑坡、泥石流等灾害的防御和抢险工作。

暴雪预警信号

图标	标准	防御指南
暴雪 蓝 SNOW STORM	12小时内降雪量将达4毫米以上，或者已达4毫米以上且降雪持续，可能对交通或者农牧业有影响。	1. 政府及有关部门按照职责做好防雪灾和防冻害准备工作； 2. 交通、铁路、电力、通信等部门应当进行道路、铁路、线路巡查维护，做好道路清扫和积雪融化工作； 3. 行人注意防寒防滑，驾驶人员小心驾驶，车辆应当采取防滑措施； 4. 农牧区和种养殖业要储备饲料，做好防雪灾和防冻害准备； 5. 加固棚架等易被雪压的临时搭建物。
暴雪 黄 SNOW STORM	12小时内降雪量将达6毫米以上，或者已达6毫米以上且降雪持续，可能对交通或者农牧业有影响。	1. 政府及相关部门按照职责落实防雪灾和防冻害措施； 2. 交通、铁路、电力、通信等部门应当加强道路、铁路、线路巡查维护，做好道路清扫和积雪融化工作； 3. 行人注意防寒防滑，驾驶人员小心驾驶，车辆应当采取防滑措施； 4. 农牧区和种养殖业要备足饲料，做好防雪灾和防冻害准备； 5. 加固棚架等易被雪压的临时搭建物。
暴雪 橙 SNOW STORM	6小时内降雪量将达10毫米以上，或者已达10毫米以上且降雪持续，可能或者已经对交通或者农牧业有较大影响。	1. 政府及相关部门按照职责做好防雪灾和防冻害的应急工作； 2. 交通、铁路、电力、通信等部门应当加强道路、铁路、线路巡查维护，做好道路清扫和积雪融化工作； 3. 减少不必要的户外活动； 4. 加固棚架等易被雪压的临时搭建物，将户外牲畜赶入棚圈喂养。
暴雪 红 SNOW STORM	6小时内降雪量将达15毫米以上，或者已达15毫米以上且降雪持续，可能或者已经对交通或者农牧业有较大影响。	1. 政府及相关部门按照职责做好防雪灾和防冻害的应急和抢险工作； 2. 必要时停课、停业（除特殊行业外）； 3. 必要时飞机暂停起降，火车暂停运行，高速公路暂时封闭； 4. 做好牧区等救灾救济工作。

寒潮预警信号

图标	标准	防御指南
	48小时内最低气温将要下降8℃以上，最低气温小于等于4℃，陆地平均风力可达5级以上；或者已经下降8℃以上，最低气温小于等于4℃，平均风力达5级以上，并可能持续。	1.政府及有关部门按照职责做好防寒潮准备工作； 2.注意添衣保暖； 3.对热带作物、水产品采取一定的防护措施； 4.做好防风准备工作。
	24小时内最低气温将要下降10℃以上，最低气温小于等于4℃，陆地平均风力可达6级以上；或者已经下降10℃以上，最低气温小于等于4℃，平均风力达6级以上，并可能持续。	1.政府及有关部门按照职责做好防寒潮工作； 2.注意添衣保暖，照顾好老、弱、病人； 3.对牲畜、家禽和热带、亚热带水果及有关水产品、农作物等采取防寒措施； 4.做好防风工作。
	24小时内最低气温将要下降12℃以上，最低气温小于等于0℃，陆地平均风力可达6级以上；或者已经下降12℃以上，最低气温小于等于0℃，平均风力达6级以上，并可能持续。	1.政府及有关部门按照职责做好防寒潮应急工作； 2.注意防寒保暖； 3.农业、水产业、畜牧业等要积极采取防霜冻、冰冻等防寒措施，尽量减少损失； 4.做好防风工作。
	24小时内最低气温将要下降16℃以上，最低气温小于等于0℃，陆地平均风力可达6级以上；或者已经下降16℃以上，最低气温小于等于0℃，平均风力达6级以上，并可能持续。	1.政府及相关部门按照职责做好防寒潮的应急和抢险工作； 2.注意防寒保暖； 3.农业、水产业、畜牧业等要积极采取防霜冻、冰冻等防寒措施，尽量减少损失； 4.做好防风工作。

大风预警信号

图标	标准	防御指南
 大风 蓝 GALE	24 小时内可能受大风影响，平均风力可达 6 级以上，或者阵风 7 级以上；或者已经受大风影响，平均风力为 6～7 级，或者阵风 7～8 级并可能持续。	1. 政府及相关部门按照职责做好防大风工作； 2. 关好门窗，加固围板、棚架、广告牌等易被风吹动的搭建物，妥善安置易受大风影响的室外物品，遮盖建筑物资； 3. 相关水域水上作业和过往船舶采取积极的应对措施，如回港避风或者绕道航行等； 4. 行人注意尽量少骑自行车，刮风时不要在广告牌、临时搭建物等下面逗留； 5. 有关部门和单位注意森林、草原等防火。
 大风 黄 GALE	12 小时内可能受大风影响，平均风力可达 8 级以上，或者阵风 9 级以上；或者已经受大风影响，平均风力为 8～9 级，或者阵风 9～10 级并可能持续。	1. 政府及相关部门按照职责做好防大风工作； 2. 停止露天活动和高空等户外危险作业，危险地带人员和危房居民尽量转到避风场所避风； 3. 相关水域水上作业和过往船舶采取积极的应对措施，加固港口设施，防止船舶走锚、搁浅和碰撞； 4. 切断户外危险电源，妥善安置易受大风影响的室外物品，遮盖建筑物资； 5. 机场、高速公路等单位应当采取保障交通安全的措施，有关部门和单位注意森林、草原等防火。
 大风 橙 GALE	6 小时内可能受大风影响，平均风力可达 10 级以上，或者阵风 11 级以上；或者已经受大风影响，平均风力为 10～11 级，或者阵风 11～12 级并可能持续。	1. 政府及相关部门按照职责做好防大风应急工作； 2. 房屋抗风能力较弱的中小学校和单位应当停课、停业，人员减少外出； 3. 相关水域水上作业和过往船舶应当回港避风，加固港口设施，防止船舶走锚、搁浅和碰撞； 4. 切断危险电源，妥善安置易受大风影响的室外物品，遮盖建筑物资； 5. 机场、铁路、高速公路、水上交通等单位应当采取保障交通安全的措施，有关部门和单位注意森林、草原等防火。
 大风 红 GALE	6 小时内可能受大风影响，平均风力可达 12 级以上，或者阵风 13 级以上；或者已经受大风影响，平均风力为 12 级以上，或者阵风 13 级以上并可能持续。	1. 政府及相关部门按照职责做好防大风应急和抢险工作； 2. 人员应当尽可能停留在防风安全的地方，不要随意外出； 3. 相回港避风的船舶要视情况采取积极措施，妥善安排人员留守或者转移到安全地带； 4. 切断危险电源，妥善安置易受大风影响的室外物品，遮盖建筑物资； 5. 机场、铁路、高速公路、水上交通等单位应当采取保障交通安全的措施，有关部门和单位注意森林、草原等防火。

沙尘暴预警信号

图标	标准	防御指南
沙尘暴 蓝 SAND STORM	12小时内可能出现沙尘暴天气(能见度小于1000米),或者已经出现沙尘暴天气并可能持续。	1. 政府及相关部门按照职责做好防沙尘暴工作; 2. 关好门窗,加固围板、棚架、广告牌等易被风吹动的搭建物,妥善安置易受大风影响的室外物品,遮盖建筑物资,做好精密仪器的密封工作; 3. 注意携带口罩、纱巾等防尘用品,以免沙尘对眼睛和呼吸道造成损伤; 4. 呼吸道疾病患者、对风沙较敏感人员不要到室外活动。
沙尘暴 橙 SAND STORM	6小时内可能出现强沙尘暴天气(能见度小于500米),或者已经出现强沙尘暴天气并可能持续。	1. 政府及相关部门按照职责做好防沙尘暴应急工作; 2. 停止露天活动和高空、水上等户外危险作业; 3. 机场、铁路、高速公路等单位做好交通安全的防护措施,驾驶人员注意沙尘暴变化,小心驾驶; 4. 行人注意尽量少骑自行车,户外人员应当戴好口罩、纱巾等防尘用品,注意交通安全。
沙尘暴 红 SAND STORM	6小时内可能出现特强沙尘暴天气(能见度小于50米),或者已经出现特强沙尘暴天气并可能持续。	1. 政府及相关部门按照职责做好防沙尘暴应急抢险工作; 2. 人员应当留在防风、防尘的地方,不要在户外活动; 3. 学校、幼儿园推迟上学或者放学,直至特强沙尘暴结束; 4. 飞机暂停起降,火车暂停运行,高速公路暂时封闭。

高温预警信号

图标	标准	防御指南
高温 黄 HEAT WAVE	连续三天日最高气温将在35℃以上。	1. 有关部门和单位按照职责做好防暑降温准备工作； 2. 午后尽量减少户外活动； 3. 对老、弱、病、幼人群提供防暑降温指导； 4. 高温条件下作业和白天需要长时间进行户外露天作业的人员应当采取必要的防护措施。
高温 橙 HEAT WAVE	24小时内最高气温将升至37℃以上。	1. 有关部门和单位按照职责落实防暑降温保障措施； 2. 尽量避免在高温时段进行户外活动，高温条件下作业的人员应当缩短连续工作时间； 3. 对老、弱、病、幼人群提供防暑降温指导，并采取必要的防护措施； 4. 有关部门和单位应当注意防范因用电量过高，以及电线、变压器等电力负载过大而引发的火灾。
高温 红 HEAT WAVE	24小时内最高气温将升至40℃以上。	1. 有关部门和单位按照职责采取防暑降温应急措施； 2. 停止户外露天作业（除特殊行业外）； 3. 对老、弱、病、幼人群采取保护措施； 4. 有关部门和单位要特别注意防火。

干旱预警信号

图标	标准	防御指南
干旱 橙 DROUGHT	预计未来一周综合气象干旱指数达到重旱（气象干旱为 25～50 年一遇），或者某一县（区）有 40% 以上的农作物受旱。	1. 有关部门和单位按照职责做好防御干旱的应急工作； 2. 有关部门启用应急备用水源，调度辖区内一切可用水源，优先保障城乡居民生活用水和牲畜饮水； 3. 压减城镇供水指标，优先经济作物灌溉用水，限制大量农业灌溉用水； 4. 限制非生产性高耗水及服务业用水，限制排放工业污水； 5. 气象部门适时进行人工增雨作业。
干旱 红 DROUGHT	预计未来一周综合气象干旱指数达到特旱（气象干旱为 50 年以上一遇），或者某一县（区）有 60% 以上的农作物受旱。	1. 有关部门和单位按照职责做好防御干旱的应急和救灾工作； 2. 各级政府和有关部门启动远距离调水等应急供水方案，采取提外水、打深井、车载送水等多种手段，确保城乡居民生活和牲畜饮水； 3. 限时或者限量供应城镇居民生活用水，缩小或者阶段性停止农业灌溉供水； 4. 严禁非生产性高耗水及服务业用水，暂停排放工业污水； 5. 气象部门适时加大人工增雨作业力度。

雷电预警信号

图标	标准	防御指南
雷电 黄 LIGHTNING	6小时内可能发生雷电活动，可能会造成雷电灾害事故。	1. 政府及相关部门按照职责做好防雷工作； 2. 密切关注天气，尽量避免户外活动。
雷电 橙 LIGHTNING	2小时内发生雷电活动的可能性很大，或者已经受雷电活动影响，且可能持续，出现雷电灾害事故的可能性比较大。	1. 政府及相关部门按照职责落实防雷应急措施； 2. 人员应当留在室内，并关好门窗； 3. 户外人员应当躲入有防雷设施的建筑物或者汽车内； 4. 切断危险电源，不要在树下、电杆下、塔吊下避雨； 5. 在空旷场地不要打伞，不要把农具、羽毛球拍、高尔夫球杆等扛在肩上。
雷电 红 LIGHTNING	2小时内发生雷电活动的可能性非常大，或者已经有强烈的雷电活动发生，且可能持续，出现雷电灾害事故的可能性非常大。	1. 政府及相关部门按照职责做好防雷应急抢险工作； 2. 人员应当尽量躲入有防雷设施的建筑物或者汽车内，并关好门窗； 3. 切勿接触天线、水管、铁丝网、金属门窗、建筑物外墙，远离电线等带电设备和其他类似金属装置； 4. 尽量不要使用无防雷装置或者防雷装置不完备的电视、电话等电器； 5. 密切注意雷电预警信息的发布。

冰雹预警信号

图标	标准	防御指南
冰雹 橙 HAIL	6小时内可能出现冰雹天气，并可能造成雹灾。	1.政府及相关部门按照职责做好防冰雹的应急工作； 2.气象部门做好人工防雹作业准备并择机进行作业； 3.户外行人立即到安全的地方暂避； 4.驱赶家禽、牲畜进入有顶棚的场所，妥善保护易受冰雹袭击的汽车等室外物品或者设备； 5.注意防御冰雹天气伴随的雷电灾害。
冰雹 红 HAIL	2小时内出现冰雹可能性极大，并可能造成重雹灾。	1.政府及相关部门按照职责做好防冰雹的应急和抢险工作； 2.气象部门适时开展人工防雹作业； 3.户外行人立即到安全的地方暂避； 4.驱赶家禽、牲畜进入有顶棚的场所，妥善保护易受冰雹袭击的汽车等室外物品或者设备； 5.注意防御冰雹天气伴随的雷电灾害。

霜冻预警信号

图标	标准	防御指南
霜冻 蓝 FROST	48小时内地面最低温度将要下降到0℃以下，对农业将产生影响，或者已经降到0℃以下，对农业已经产生影响，并可能持续。	1. 政府及农林主管部门按照职责做好防霜冻准备工作； 2. 对农作物、蔬菜、花卉、瓜果、林业育种要采取一定的防护措施； 3. 农村基层组织和农户要关注当地霜冻预警信息，以便采取措施加强防护。
霜冻 黄 FROST	24小时内地面最低温度将要下降到零下3℃以下，对农业将产生严重影响，或者已经降到零下3℃以下，对农业已经产生严重影响，并可能持续。	1. 政府及农林主管部门按照职责做好防霜冻应急工作； 2. 农村基层组织要广泛发动群众，防灾抗灾； 3. 对农作物、林业育种要积极采取田间灌溉等防霜冻、冰冻措施，尽量减少损失； 4. 对蔬菜、花卉、瓜果要采取覆盖、喷洒防冻液等措施，减轻冻害。
霜冻 橙 FROST	24小时内地面最低温度将要下降到零下5℃以下，对农业将产生严重影响，或者已经降到零下5℃以下，对农业已经产生严重影响，并将持续。	1. 政府及农林主管部门按照职责做好防霜冻应急工作； 2. 农村基层组织要广泛发动群众，防灾抗灾； 3. 对农作物、蔬菜、花卉、瓜果、林业育种要采取积极的应对措施，尽量减少损失。

大雾预警信号

图标	标准	防御指南
大雾 黄 HEAVY FOG	12小时内可能出现能见度小于500米的雾，或者已经出现能见度小于500米、大于等于200米的雾并将持续。	1.有关部门和单位按照职责做好防雾准备工作； 2.机场、高速公路、轮渡码头等单位加强交通管理，保障安全； 3.驾驶人员注意雾的变化，小心驾驶； 4.户外活动注意安全。
大雾 橙 HEAVY FOG	6小时内可能出现能见度小于200米的雾，或者已经出现能见度小于200米、大于等于50米的雾并将持续。	1.有关部门和单位按照职责做好防雾工作； 2.机场、高速公路、轮渡码头等单位加强调度指挥； 3.驾驶人员必须严格控制车、船的行进速度； 4.减少户外活动。
大雾 红 HEAVY FOG	2小时内可能出现能见度小于50米的雾，或者已经出现能见度小于50米的雾并将持续。	1.有关部门和单位按照职责做好防雾应急工作； 2.有关单位按照行业规定适时采取交通安全管制措施，如机场暂停飞机起降，高速公路暂时封闭，轮渡暂时停航等； 3.驾驶人员根据雾天行驶规定，采取雾天预防措施，根据环境条件采取合理行驶方式，并尽快寻找安全停放区域停靠； 4.不要进行户外活动。

霾预警信号

图标	标准	防御指南
霾黄 HAZE	预计未来 24 小时内可能出现下列条件之一并将持续或实况已达到下列条件之一并可能持续： （1）能见度小于 3000 米且相对湿度小于 80% 的霾。 （2）能见度小于 3000 米且相对湿度大于等于 80%，$PM_{2.5}$ 浓度大于 115 微克 / 米^3 且小于等于 150 微克 / 米^3。 （3）能见度小于 5000 米，$PM_{2.5}$ 浓度大于 150 微克 / 米^3 且小于等于 250 微克 / 米^3。	1. 空气质量明显降低，人员需适当防护； 2. 一般人群适宜减少户外活动，儿童、老人及易感人群应减少外出。
霾橙 HAZE	预计未来 24 小时内可能出现下列条件之一并将持续或实况已达到下列条件之一并可能持续： （1）能见度小于 2000 米且相对湿度小于 80% 的霾。 （2）能见度小于 2000 米且相对湿度大于等于 80%，$PM_{2.5}$ 浓度大于 150 微克 / 米^3 且小于等于 250 微克 / 米^3。 （3）能见度小于 5000 米，$PM_{2.5}$ 浓度大于 250 微克 / 米^3 且小于等于 500 微克 / 米^3。	1. 空气质量差，人员需适当防护； 2. 一般人群减少户外活动，儿童、老人及易感人群应尽量避免外出。
霾红 HAZE	预计未来 24 小时内可能出现下列条件之一并将持续或实况已达到下列条件之一并可能持续： （1）能见度小于 1000 米且相对湿度小于 80% 的霾。 （2）能见度小于 1000 米且相对湿度大于等于 80%，$PM_{2.5}$ 浓度大于 250 微克 / 米^3 且小于等于 500 微克 / 米^3。 （3）能见度小于 5000 米，$PM_{2.5}$ 浓度大于 500 微克 / 米^3。	1. 政府及相关部门按照职责采取相应措施，控制污染物排放。 2. 空气质量很差，人员需加强防护； 3. 一般人群避免户外活动，儿童、老人及易感人群应当留在室内； 4. 机场、高速公路、轮渡码头等单位加强交通管理，保障安全； 5. 驾驶人员谨慎驾驶。

道路结冰预警信号

图标	标准	防御指南
道路结冰 黄 ROAD ICING	当路表温度低于0℃，出现降水，12小时内可能出现对交通有影响的道路结冰。	1.交通、公安等部门要按照职责做好道路结冰应对准备工作； 2.驾驶人员应当注意路况，安全行驶； 3.行人外出尽量少骑自行车，注意防滑。
道路结冰 橙 ROAD ICING	当路表温度低于0℃，出现降水，6小时内可能出现对交通有较大影响的道路结冰。	1.交通、公安等部门要按照职责做好道路结冰应急工作； 2.驾驶人员必须采取防滑措施，听从指挥，慢速行驶； 3.行人出门注意防滑。
道路结冰 红 ROAD ICING	当路表温度低于0℃，出现降水，2小时内可能出现或者已经出现对交通有很大影响的道路结冰。	1.交通、公安等部门做好道路结冰应急和抢险工作； 2.交通、公安等部门注意指挥和疏导行驶车辆，必要时关闭结冰道路交通； 3.人员尽量减少外出。

附 录

气象服务总有一种适合你

全国气象服务热线：400-6000-121

电视天气预报

手机气象短信

广播天气预报

中国天气网：www.weather.com.cn

中国天气网微信

中国天气网新浪微博

气象咨询声讯电话：12121

气象灾害记录

气象灾害发生时间 : -

气象灾害发生地点 : -

气象灾害事件陈述 : -

- -

- -

- -

- -

- -

- -

- -

- -

发生以上气象灾害请致电 400-6000-121

防灾减灾　　气象先行

气象灾害记录

气象灾害发生时间：----------------------------------

气象灾害发生地点：----------------------------------

气象灾害事件陈述：----------------------------------

发生以上气象灾害请致电 400-6000-121

防灾减灾　　气象先行